Alexander Wehrens

Globale Strategien und globale Präsenz der umsatzstärksten Unternehmen der Welt

am Beispiel der Branchen Automobilbau, Elektrotechnik/Computer, Pharma und Chemie

GRIN Verlag

Bibliografische Information der Deutschen Nationalbibliothek:

Die Deutsche Bibliothek verzeichnet diese Publikation in der Deutschen Nationalbibliografie; detaillierte bibliografische Daten sind im Internet über http://dnb.d-nb.de/ abrufbar.

Impressum:

Druck und Bindung: Books on Demand GmbH, Norderstedt Germany
ISBN: 978-3-638-90824-5

Dieses Buch bei GRIN:

http://www.grin.com/de/e-book/83620/globale-strategien-und-globale-praesenz-der-umsatzstaerksten-unternehmen

Globale Strategien und globale Präsenz der umsatzstärksten Unternehmen der Welt

am Beispiel der Branchen:

- Automobilbau,
- Elektrotechnik/Computer,
- Pharma und
- Chemie

Alexander Wehrens

RWTH Aachen - Geographisches Institut - Hauptseminar „Wirtschaftsgeographische Analyse von Globalisierungsprozessen" (SoSe 2007) unter der Leitung von Professor Wieger
Seminararbeit angefertigt von Alexander Wehrens (244310)

Inhaltsverzeichnis

1. Einleitung S. 1
2. Theoretische Grundlagen S. 1
3. Fallbeispiele S. 7
3.1 Automobilbau – Beispiel Toyota S. 7
3.1.1 Ein kurzer Überblick S. 7
3.1.2 Toyota weltweit S. 8
3.1.3 Entwicklungen / Strategien für die Zukunft S. 10
3.1.4 Fazit S. 12
3.2 Elektrotechnik/Computer – Beispiel Siemens AG S. 13
3.2.1 Siemens – eine Einführung S. 13
3.2.2 Unternehmensstrategie S. 13
3.2.3 Fazit S. 17
3.3 Beispiel Pharma – Bayer AG S. 18
3.3.1 Bayer AG S. 18
3.3.2 Bayer HealthCare – Einführung S. 19
3.3.3 Rückblick S. 20
3.3.4 Bayer HealthCare – aktuelle Entwicklungen S. 21
3.3.5 Fazit S. 22
3.4 Beispiel Chemie – BASF S. 23
3.4.1 BASF – eine Einführung S. 23
3.4.2 BASF – globale Strategie und globale Präsenz S. 24
3.4.3 Fazit S. 25
4. Fazit S. 26
5. Literaturverzeichnis S. 27
6. Abbildungsverzeichnis S. 29

1. Einleitung

Immer weiter abnehmende Zollhemmnisse sowie fallende Grenzen bieten international agierenden Unternehmen neue Möglichkeiten in der Produktion, im Vertrieb und in der Markterschließung. Hierzu müssen neue innovative Unternehmenskonzepte geschaffen werden, welche den aktuellen Gegebenheiten angepasst werden müssen. Die speziellen Anforderungen an verschiedene Industrien sollen in dieser Hausarbeit anhand von Unternehmen dargestellt werden die in ihren Branchen führend sind. Besonderes Augenmerk soll hierbei auf der weltweite Verbreitung und die damit verbundenen Strategien liegen. An den verschiedenen Fallbeispielen soll geprüft werden, welche Faktoren für die jeweilige Industrie auch im Prozess der Globalisierung unverrückbar bleiben und welche Faktoren eine Strategieanpassung des Unternehmens im neuen Wettbewerb bedeutsam machen. Eine Einführung in die allgemeine Thematik soll für die folgenden Fallbeispiele sensibilisieren. In jedem der Beispiele aus den Geschäftsfeldern Automobilbau, Elektrotechnik/Computer, Chemie und Pharma soll ein eigenes Fazit gezogen werden um die Arbeit daraufhin mit einem Vergleich der einzelnen Branchen zu schließen.

2. Theoretische Grundlagen

In den 1980er Jahren fand ein starker Anstieg ausländischer Direktinvestitionen statt.[1] Der Trend zu transnational, häufig sogar transkontinental aktiven Unternehmen nimmt seit dieser Zeit weiter zu. Warum viele Unternehmen ihre Aktivitäten über den ganzen Globus verteilen, hat mehrere Gründe. Auslöser der verstärkten Globalisierungsprozesse sind vor allem der technische Fortschritt sowie sinkende Kosten in der Telekommunikation und im Transport (siehe Abbildung 1 und 2).

Aber auch vermehrt politische Entscheidungen zu einer liberaleren Wirtschaftspolitik, welche die nationalen Märkte offener gestalten, tragen ihren Teil zu einem gesteigerten globalen Wettbewerb bei. Vorsicht ist bei der Einschätzung des Beginns dieser Prozesse geboten.

[1] Hauke, J.R. – „Urbane Globalisierung – Bedeutung und Wandel der Stadt im Globalisierungsprozess", S. 17, Wiesbaden, 2006

Ein wegweisender Zeitpunkt existiert schlichtweg nicht. Da in der Fachliteratur keine Einigkeit darüber herrscht, ab wann man von einer Globalisierung sprechen kann, soll sich der Blick in dieser Arbeit auf die Entwicklungen in Bezug auf die Internationalisierung beschränken.

Abb. 1: Transportkosten 1930 - 2000

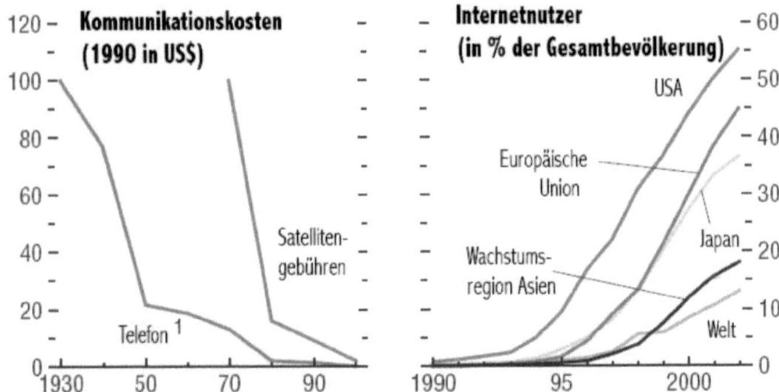

[1] Durchschnittliche Fracht- u. Hafengebühren pro Tonne von Import- und Exportfracht
[2] Durchschnittliche Einnahmen pro Flugpassagiermeile

Quelle: Internationaler Währungsfond (Corporate Author), World Economic Outlook, Mai 2005, Kapitel 3; S. 20 (eigene Nachbearbeitung) http://www.imf.org/external/pubs/ft/weo/2005/01/pdf/chapter3.pdf abgerufen am 02.05.2007

Neben wirtschaftlicher Potenz eines Landes haben die politische Lage, das Wirtschaftssystem sowie der Ausbildungsstand der Bevölkerung eine große Bedeutung für die Entscheidungsgrundlage eines Unternehmens, sich in einem Land oder einer Region niederzulassen. Zudem spielen geographische Aspekte, die vorhandene Infrastruktur und Zukunftsperspektiven eines Standorts eine wichtige Rolle.

Eine typische Form der globalen Strategie eines Unternehmens existiert allerdings nicht. Der Auf- bzw. Ausbau eines globalen Netzes ist die einzige Gemeinsamkeit der verschiedensten Formen von sich weltweit ausbreiten-

den Akteuren. Ein wichtiges Maß hierbei stellen die *Ausländischen Direktinvestitionen (Foreign Direct Investment, FDI)* dar. Diese können die Investition eines Unternehmens in einen neuen Standort außerhalb des Heimatmarktes eines Unternehmens bedeuten, aber auch die Beteiligung an einem Unternehmen um einen dauerhaften Einfluss auf die Geschäftspolitik des Unternehmens zu gewährleisten. Nicht selten dienen diese Investitionen neuen Zulieferer- und Abnehmerbeziehungen, welche durch diese Joint-Ventures optimiert werden können.[2]

Abb. 2: Entwicklung in der Telekommunikation

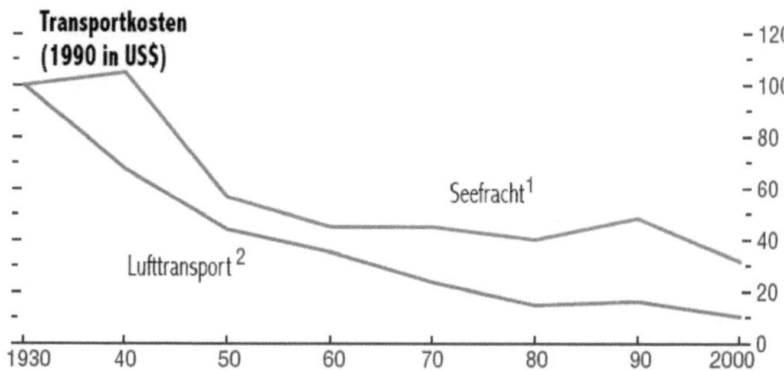

[1] Kosten eines Drei-Minuten Telefonats von New York nach London

Quelle: Internationaler Währungsfond (Corporate Author), World Economic Outlook, Mai 2005, Kapitel 3; S. 5 (eigene Nachbearbeitung) http://www.imf.org/external/pubs/ft/weo/2005/01/pdf/chapter3.pdf abgerufen am 02.05.2007

Durch die Problematik der nicht eindeutigen Begriffsklärung der Globalisierung stellt die Entwicklung der Ausländischen Direktinvestitionen zwar immer noch den aussagekräftigsten aber nicht allgemeingültigen Trend des wirtschaftlichen Globalisierungsprozesses dar. Eine Verlagerung innerhalb eines Landes wird nicht erfasst. Betrachtet man die Entwicklung der vergangenen Jahre, so ist ein Anstieg seit Mitte der 1990er Jahre unverkennbar. Nach einem kurzen aber starken Rückgang in den Jahren 2001 bis 2003 konnte ein erneuter Anstieg verzeichnet werden (vgl. Abbildung 3).

Ein Sammelbegriff für eine Art von Direktinvestitionen sind die *Mergers and Acquisitions (M&A)* – Fusionen und Übernahmen. Finden grenzüberschreitende Aktionen statt werden diese als *Cross-Border-M&A* bezeichnet.[3] Allgemein gelten die Formen der Mergers and

[2] Hirsch-Kreinsen, Hartmut - „Industrielle Konsequenzen globaler Unternehmensstrategien", S.1 (1998), Dortmund

[3] Scheiter, Sieghart u. Wehmeyer, Mirja (*AT Kearney*) „Konzerne suchen ihr (M&A) Glück auch wieder in der Ferne" in „M&A Review", Heft 8/9, S. 373, (2006)

Acquisitions nicht als unproblematisch. Eine exakte Analyse der Arbeitsweisen, der Mentalität und insbesondere der Kultur des Unternehmens im Zielland stellen, neben wirtschaftlichen Untersuchungen, den Zusammenschluss erst auf ein solideres Fundament. Nicht selten nutzen Konzerne eigene M&A Abteilungen zur Sondierung potentieller Übernahmen.[4]

Abb. 3: Entwicklung der Ausländischen Direktinvestitionsströme seit 1980

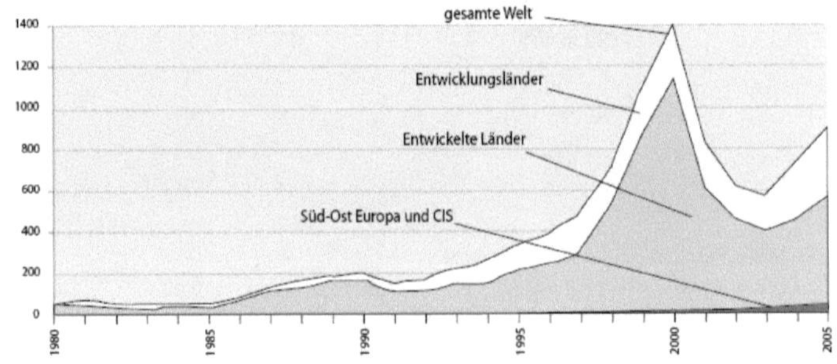

Quelle: eigene Bearbeitung nach: UNCTAD World Investment Report 2006, Kapitel 1; S. 4 (Oktober 2006), New York / Genf
http://www.unctad.org/en/docs/wir2006ch1_en.pdf abgerufen am 02.05.2007

Die Motive für M&A von Unternehmen sind:

- Exploration neuer Ressourcen,
- Kostenreduktion im Produktionsprozess (meist durch geringere Arbeitskosten),
- Die Erweiterung der eigenen Möglichkeiten (Synergieeffekte, FuE),
- Die Erweiterung des eigenen Angebots,
- die Verbesserung der Zulieferbeziehungen,
- Markterschließung und
- Strategische Überlegungen (z.B. Reaktionen auf wirtschafts-politische Umstände im Zielland).

Für einen Einstieg sowie folgende Expansionspotentiale sind für ein sich ausbreitendes Unternehmen bereits bestehende und funktionierende Transport-, Steuerungs- und Informationsknotenpunkte von grundlegender Bedeutung. Im globalen Kontext werden diese häufig

---

[4] Scheiter, Sieghart u. Wehmeyer, Mirja (*AT Kearney*) „Konzerne suchen ihr (M&A)Glück auch wieder in der Ferne“ in „M&A Review“, Heft 8/9, S. 377, (2006)

als Steuerungszentralen beschrieben. Zur Markterschließung im Bereich des Dienstleistungssektors sind die wichtigsten Standorte in Global Cities beheimatet.[5] Diese besitzen gerade im Bereich der (Finanz-) Dienstleistungen eine überragende Bedeutung für den internationalen Handel.[6] Nach BRONGER befinden sich die derzeit wichtigsten Global Cities innerhalb der Triade Japan (Tokyo) – Nordamerika (New York) – Europa (London und Paris). Er klassifiziert Städte auf der ganzen Welt nach ihren Bedeutungen im Handel (Anzahl und Umsatz von wichtigen Unternehmen und Finanzdienstleistern), im Verkehr (Bedeutung Flughäfen, Häfen) und als Steuerungszentrale (Anzahl Internationaler Institutionen). Die vier Herausragenden Städte New York, Tokyo, Paris und London werden von Bronger als Global Cities bezeichnet (vgl. Abb. 4) und besitzen für Multinationale Unternehmen (MNU's) somit eine herausragende Bedeutung.

Tabelle 1: Global Cities der Gegenwart (nach BRONGER)

Rang	Kategorie	Metropol-Region	Unternehmen 2001		Banken 2001	Börse 2001	Flugverkehr 2001		Häfen 2001	Int. Institutionen 2003	Gesamt
			Anzahl	Umsatz			Passagiere	Fracht			
1	I - Global City	New York	61	78	79	100	86	100	37	150	691
2	I - Global City	Tokyo	100	100	100	11	74	90	100	50	625
3	I - Global City	Paris	56	53	69	9	64	52	(18)	50	353
4	I - Global City	London	49	45	59	10	100	66	16	-	345

Anmerkung: Der weltweit höchste Wert ist jeweils 100 gesetzt, die übrigen Werte sind proportional umgerechnet. Dargestellte Tabelle ist vom Autor auf Kategorie I informationsreduziert – Tabelle nach BRONGER „Global Cities der Gegenwart" – eigene Darstellung
Quellen nach BRONGER [7]: Fortune International 2002; Top 1000 World Banks 2001, Factbook Deutsche Börse 2000, Air Traffic Report 2001, Shipping Statistics Yearbook 2001, Army Corps of Engineers, Waterbourne Commerce of the United States CY 2000

Für eine erfolgreiche Markterschließung dienen MNU's häufig M&As und Joint Ventures. Aber auch Neugründungen von Tochtergesellschaften unterstützen den Aufbau einer dem zu erschliessenden Markt und der eigenen Unternehmensstruktur angepassten Infrastruktur. Die Entwicklungen der Umsätze dieser Tochtergesellschaften und Zulieferbetriebe von international agierenden Unternehmen beschreiben die zunehmende Bedeutung der Global Player bzw. die wachsende internationale Vernetzung (vgl. Abb. 5).

[5] Hauke, J.R. – „Urbane Globalisierung – Bedeutung und Wandel der Stadt im Globalisierungsprozess", S. 17, Wiesbaden, 2006

[6] Sassen, Saskia – „Metropolen des Weltmarkts – die neue Rolle der Global Cities", S.39f, Frankfurt a. M., New York, 1997

[7] Bronger, Dirk – „Metropoilen, Megastädte, Global Cities", Darmstadt, 2004

Abb. 4: Gewinne ausländischer Tochterunternehmen von MNU's (1980 – 2003)

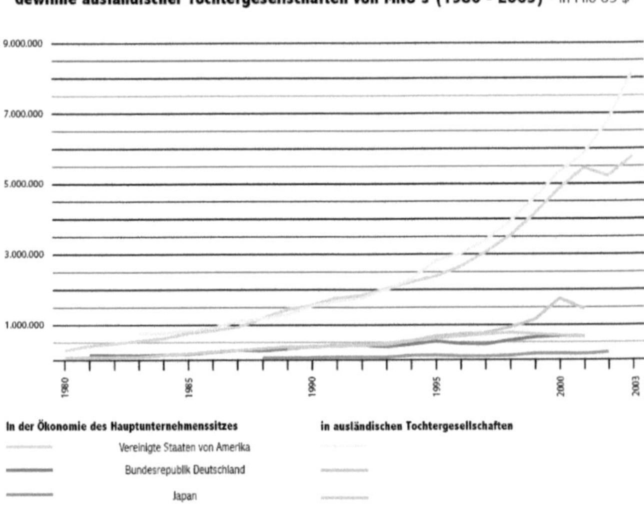

Anmerkung: fehlende Daten interpoliert (Ökonomie des Hauptunternehmenssitzes: BRD 1980, 1982, 1984, 1986 - Japan 1980 - 1987, 2000; In ausländischen Tochtergesellschaften: USA 1982 - BRD 1988 - Japan: 1982, 1983, 1984 - 1988, 1990, 1991, 1993, 1994, 1996, 1997, 1999, 2000; Datentabelle aus UNCTAD FDI/TNC database, Daten beziehen sich auf die Tochtergesellschaften, welche sich im Mehrheitsbesitz des MNU befinden; Daten beziehen sich nur auf verarbeitende Betriebe

Quelle: Eigene Bearbeitung nach Daten aus UNCTAD „World Investment Report 2006" Titel: Assets of foreign affiliates; http://www.unctad.org/Templates/Download.asp?docid=7281&lang=1&intItemID=3277 abgerufen am 29.07.2007

Zu einer weiteren Vernetzung und Interessensvertretungen verschiedener Unternehmen sind Dachverbände und Lobby-Gruppen erforderlich. Diese können staatlich gefördert (Bsp. In Japan *Nihon Keidanren*[8]) aber auch unabhängig sein. Meist konzentrieren sich die staatlich geförderten Organisationen auf die Gewinnung von neuen ausländischen Direktinvestitionen bzw. auf die Hilfe inländischer Unternehmen zu einer weiteren Internationalisierung. Staatlich weitgehend unabhängige Organisationen legen Ihren Fokus in der Regel auf einzelne Kontinente. Die wichtigste europäische Lobby-Gruppierung ist der *European Roundtable of Industrialists* (ERT). Die *Association for a Monetary Union* (AMUE) kooperiert mit dem ERT und setzt sich ebenfalls für eine starke Position europäischer MNU's ein. Ein weiterer wichtiger Vertreter europäischer Interessen und Unternehmen ist die ehemalige *Union of Industrial and Employers Confederations of Europe* (UNICE) – seit 2007 kurz *Busines-*

[8] KEIDANREN Homepage – http://www.keindanren.co.ja abgerufen am 22.07.2007

sEurope. Dennoch existieren auch Verbände die sich um eine verstärkte globale Ausrichtung von Unternehmen im interkontinentalen Kontext bemühen. Der *Transatlantic Business Dialogue* (TABD)[9] beispielsweise bemüht sich durch regelmäßige Treffen von europäischen und nordamerikanischen Vertretern um eine Verknüpfung von ansonsten konkurrierenden Unternehmen und Verbänden.

3. Fallbeispiele

3.1 Automobilbau – Beispiel Toyota

3.1.1 Ein kurzer Überblick

Die „*Toyota Motor Corporation*" kann in den letzten Jahren die höchsten Wachstumsraten der gesamten Branche aufweisen.

Über 90% der Geschäfte finden im Bereich Automobilbau statt.[10] Mit knapp neun Millionen verkauften Fahrzeugen im Geschäftsjahr 2006/07 positioniert sich das Unternehmen in der absoluten Weltspitze. Im 1. Quartal des Jahres 2007 konnte Toyota das erste Mal den bisherigen Branchenprimus *General Motors* übertreffen. Im Vorjahr konnte schon Ford mit dem enormen Wachstum des Japanischen Automobilkonzerns nicht mithalten und musste sich seitdem auf Rang drei der größten Konzerne der Branche geschlagen geben (nach Zahl der verkauften Fahrzeugeinheiten).[11] Im Zeitraum 2002 bis 2006 konnte Toyota eine Steigerung der verkauften Fahrzeuge von 53% erreichen.[12] Im gleichen Zeitraum erzielte der Marktführer General Motors lediglich ein Wachstum von 9% in diesem Bereich.[13] Auch das Wachstum bei den Umsatzzahlen ist bei Toyota mit über 55% gegenüber General Motors mit 16% deutlich höher. In beiden Bereichen liegen die Automobilkonzerne absolut sehr nahe beieinander. Aufgrund der Entwicklung der letzten Jahre ist es aber sehr wahr-

---

[9] Transatlantic Business Dialogue Homepage – http://www.tabd.com abgerufen am 22.07.2007

[10] Becker, Helmut – „Phänomen Toyota – Erfolgsfaktor Ethik"; S. 11; Berlin, 2006

[11] Maynard, Michelle; Warner, Fara – „Toyota passes Ford in the U.S. vehicle sales" in der HERALD TRIBUNE vom 02.08.2006

[12] TOYOTA MOTOR CORPORATION - „Toyota – Up Close" http://www.toyota.co.jp/en/about_toyota/outline/index.html am 17.04.2007

[13] Wagoner, Richard (Hrsg.) - „GM – Annual Reports 2002 – 2007 – Financial Highlits" - http://www.gm.com/corporate/investor_information/stockholder_info/ heruntergeladen am 17.08.2007

scheinlich, dass die Toyota Motor Corporation in der Zukunft die Marktführerschaft einnehmen und auch behaupten kann.

3.1.2 Toyota weltweit

Die Produktion von Fahrzeugen und Fahrzeugteilen außerhalb des Heimatmarktes Japan ist kein Phänomen der letzten Jahre, sondern fand bereits in den 1960er Jahren auf allen Erdteilen statt. So entstanden Produktionsstandorte in Europa (Portugal - 1968), Südamerika (Brasilien - 1959), Süd-Ost Asien (Malaysia – 1968, Indonesien – 1970), Australien (1963) und Süd-Afrika (1962). Sogar in den Vereinigten Staaten von Amerika entstand 1971 ein erstes Werk. Vereinzelte Stätten wurden auch in den 1980ern gegründet, die globale Erschließung wurde allerdings etwa ab Mitte der 1990er verfolgt.[14]

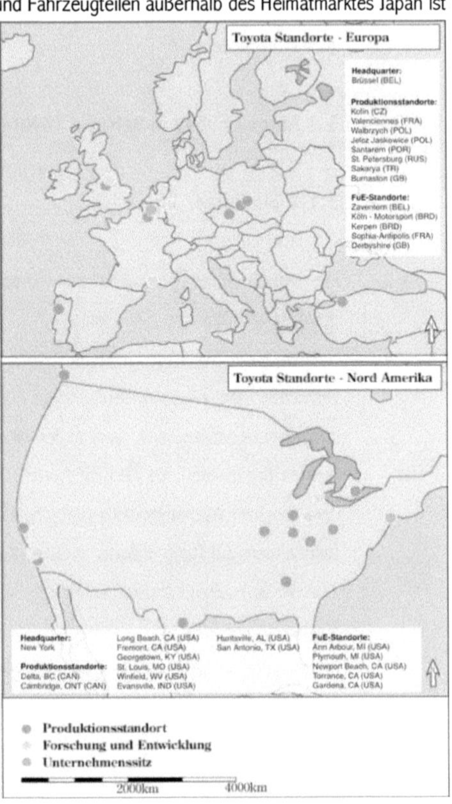

Abb. 5 Standortstrukturen von Toyota in Nord-Amerika und Europa

Quelle: Eigene Bearbeitung; Datengrundlage: http://www.toyota.co.jp/en/about_toyota/manufacturing/worldwide.html am 21.04.2007; Kartengrundlage: Weltkarte auf Welt-atlas.de heruntergeladen am 01.04.2007 unter http://www.welt-atlas.de/datenbank/karten/karte-0-9000.gif

[14] TOYOTA MOTOR CORPORATION - „Toyota - Manufacturing“ http://www.toyota.co.jp/en/about_toyota/manufacturing/worldwide.html abgerufen am 18.04.2007

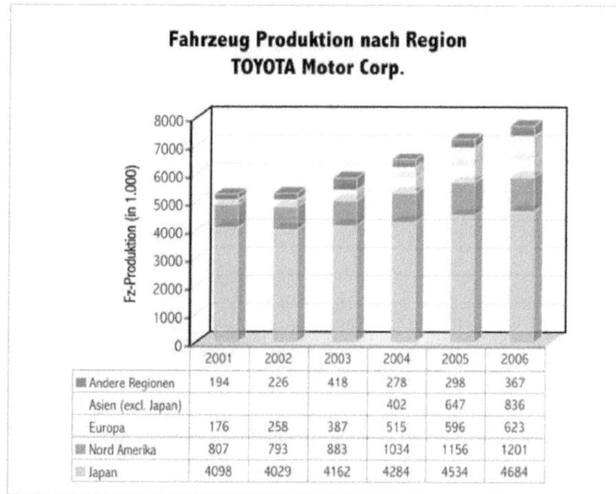

	2001	2002	2003	2004	2005	2006
Andere Regionen	194	226	418	278	298	367
Asien (excl. Japan)				402	647	836
Europa	176	258	387	515	596	623
Nord Amerika	807	793	883	1034	1156	1201
Japan	4098	4029	4162	4284	4534	4684

Abb. 6: „Fahrzeug Produktion nach Region"

Quelle: Eigene Bearbeitung nach Daten aus „Toyota – Annual Reports 2003-2006" zum download auf: http://www.toyota.co.jp/en/ir/library/annual/index.html am 10.07.2007

Anmerkung: in den Jahren 2001 - 2003 ist „Asien (excl. Japan)" in „andere Regionen" enthalten

Einfuhrbeschränkungen, vor allem durch die USA, veranlassten Toyota eigene Werke in den entsprechenden Ländern zu positionieren. Aufgrund des zusammenwachsenden europäischen Binnenmarktes konnte die Tendenz der romanisch-europäischen Länder, Importbeschränkungen durchzusetzen, vermieden werden.

Der europäische Markt konnte somit durch einige zentrale Werke (insbesondere Valenciennes, Sakarya, Burnaston – vgl Abb.6) erschlossen werden.[15] Ein neuer Gunstfaktor zur weiteren Erschließung des europäischen Marktes war der Beitritt der Tschechischen Republik und Polens im Rahmen der EU-Osterweiterung im Jahre 2004. Die vergleichsweise niedrigen Löhne und Subventionen zur strukturellen Entwicklung steigerten die Attraktivität dieser Standorte ausreichend, so dass große Werke installiert wurden.

[15] Becker, Helmut – „Phänomen Toyota – Erfolgsfaktor Ethik", S.185, Berlin, 2006

Im Jahr 2007 beschäftigt Toyota etwa 285.000 Mitarbeiter, davon alleine 163.000 in der Automobilproduktion. Weltweit steigt die Anzahl der Beschäftigten Toyotas in diesem Bereich.

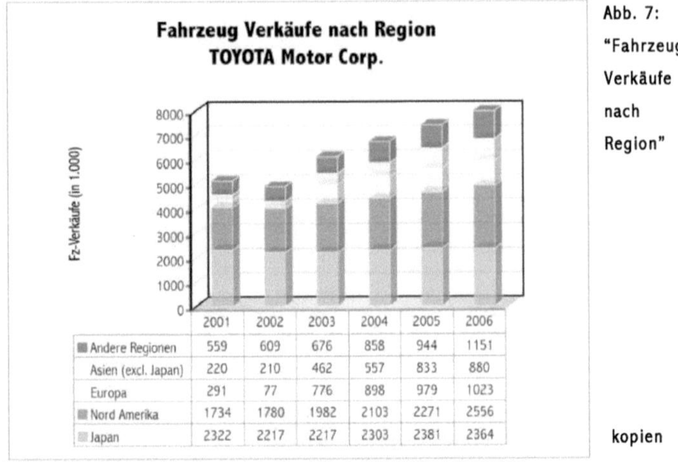

	2001	2002	2003	2004	2005	2006
Andere Regionen	559	609	676	858	944	1151
Asien (excl. Japan)	220	210	462	557	833	880
Europa	291	77	776	898	979	1023
Nord Amerika	1734	1780	1982	2103	2271	2556
Japan	2322	2217	2217	2303	2381	2364

Abb. 7: "Fahrzeug Verkäufe nach Region"

kopien

Quelle: Eigene Bearbeitung nach Daten aus „Toyota – Annual Reports 2003-2006" zum download auf: http://www.toyota.co.jp/en/ir/library/annual/index.html am 10.07.2007

In den Jahren 2005-2007 wuchs die Zahl der Beschäftigten in Japan um 18% (absolut 47.000) und im Rest Asiens. Bedingt durch neu gegründete Werke in China fand hier ein Zuwachs von 52% (53.000) statt. Auch in Europa konnten die Mitarbeiterzahlen in dieser Zeit, insbesondere durch Werksgründungen in Osteuropa deutlich gesteigert werden (108% Zuwachs – absolut 19.225).[16]

3.1.3 Entwicklungen / Strategien für die Zukunft:

Betrachtet man die Positionierung von neuen Produktionsstätten in den letzten zehn Jahren, so fällt auf, dass ein Großteil der neuen Produktionsstätten in China errichtet worden ist. Über die Hälfte aller Neugründungen fanden in China statt (13 von insgesamt 25)[17]. Im

[16] „Toyota in the world 2007" abgerufen unter http://www.toyota.co.jp/en/about_toyota/in_the_world/ am 17.08.2007

[17] TOYOTA MOTOR CORPORATION - „Toyota - Manufacturing" http://www.toyota.co.jp/en/about_toyota/manufacturing/worldwide.html abgerufen am 18.04.2007

Vergleich mit bereits bestehenden Produktionsstätten in anderen Ländern ist auffallend, dass in China ein sehr hoher Anteil produzierter Einzelteile wie Motoren oder *„plastic parts"*. Der chinesische Markt dient allerdings nicht nur als Produktionsstätte von Fahrzeugteilen, vielmehr findet eine infrastrukturelle Erschließung des neuen attraktiven Marktes statt. Im Vergleich zu anderen führenden Automobilherstellern ist Toyota auf dem chinesischen Markt in seiner Präsenz schon weit fortgeschritten. Automobilhersteller wie General Motors oder VW sind an chinesischen Standorten traditionell schon länger vertreten, bemühen sich aber erst seit kurzem mit einem verstärkten Fokus auf China als zukünftigen Absatzmarkt. Bedingt durch geringe Arbeitskosten ist absehbar, dass weitere Automobilhersteller eine Strategie verfolgen, mit der sie sich langfristig am Produktionsstandort China positionieren wollen um dort nicht nur Autoteile sondern auch komplette Autos herstellen zu können, die dann weltweit verkauft werden sollen.
Dementsprechend kann die Exploration des chinesischen Marktes noch nicht mit der des US-amerikanischen Marktes Mitte der 1990er verglichen werden. Während es in China aktuell noch um niedrige Produktionskosten geht, handelte es sich bei der Positionierung in den USA von Beginn an um eine Positionierung nahe dem Absatzmarkt. Allerdings bedeutet das aktuelle Wachstum der chinesischen Wirtschaft in naher Zukunft einen riesigen Markt von noch nicht abschätzbarer Größe.

Nach der erfolgreichen Ausbreitung auf dem amerikanischen Markt Anfang der 1990er Jahre galt es nun sich dem letzten noch nicht erschlossenen großen Automarkt der Welt zu zuwenden. Ab Ende der 1990er Jahre ist ein wichtiger Bestandteil der Strategie Toyotas die weitere Erschließung des europäischen Marktes.[18] Die in großer Zahl in Valenciennes (Frankreich) produzierten Einheiten des Kleinwagens Yaris sollen insbesondere den jungen Käufer ansprechen, in der Hoffnung dies dann langfristig an die Marke zu binden. Die klassischen Mittelklasse-Fahrzeuge Toyota's in Mitteleuropa Avensis und Corolla werden seit 1992 im Burnaston (Großbritannien) und seit 2002 in Kolìn (Tschechische Republik) und Sakarya (Türkei) produziert. Andere europäische Standorte (z.B. in Walbrzych - Polen) beliefern diese Werke mit Motoren und Teilen.

[18] Intveen, Carsten – „Unternehmensstrategien internationaler Automobilhersteller – Auswirkungen verkehrspolitschen Engagements auf die Gesamtunternehmensebene", S.117, Berlin, 2004

Toyota setzt nicht auf ein Weltauto sondern vielmehr auf eine marktorientierte Angebotspalette. So werden in Nordamerika in starkem Maße Geländewagen und große Limousinen angeboten, in Europa hingegen vor allem Klein- und Mittelklassewagen. Verschiedene Ausstattungsvarianten stellen zudem noch eine auf den jeweiligen Kunden zugeschnittene Lösung dar. Auf den jeweiligen Märkten erhofft man sich so eine Ausnutzung der Economies of Scale – also der Vorteile von Massenproduktion. Dennoch findet durch die Berücksichtung der verschiedenen Marktbedürfnisse in einem gewissen Grad zusätzlich eine Individualisierung statt, so dass der Erfolg des Konzerns unter anderem von einer ausgewogenen Mischung von Massenproduktion und Individualisierung ausgeht.

3.1.4 Fazit

Ein wichtiger Grund für die ausgeprägte weltweite Verbreitung von Toyota Werken sind nicht selten Handelshemmnisse, insbesondere Importbeschränkungen, die durch die Installation von Werken innerhalb der entsprechenden Landes- bzw. Marktgrenzen umgangen werden.[19]

Toyota stellt allerdings mit seiner Strategie ohne M&A's zu arbeiten eine untypische Arbeitsweise für einen Global Player im Automobilbau dar. In einer großen Zahl finden, gerade in der Branche des Automobilbaus, Übernahmen und Fusionen statt.[20]

Auf den großen Märkten Japan, Nord-Amerika und Europa bestehen eigene FuE-Einrichtungen sowie eigene Fertigungsanlagen. Der Hauptsitz des Unternehmens befindet sich allerdings weiterhin auf dem Heimatmarkt in Toyota-City. Trotz des großen Wachstums auf ausländischen Märkten ist Japan noch bei weitem der wichtigste Markt für den Konzern. Etwa Zweidrittel des Umsatzes werden in Japan erzielt. Eine Auslagerung von Arbeitsplätzen von Japan ins Ausland findet nicht statt. Trotz steigender Internationalisierung des Konzerns und dem damit verbundenen Wachstum im Ausland findet weiterhin eine Stärkung des Standorts Japan statt.

[19] Becker, Helmut – „Phänomen Toyota – Erfolgsfaktor Ethik", S.178, Berlin, 2006

[20] Nuhn, Helmut „Megafusionen – Neuorganisation großer Unternehmen im Rahmen der Globalisierung" in „Geographische Rundschau" (2001) Heft 7-8, S.17

3.2 Elektrotechnik/Computer – Beispiel Siemens AG

3.2.1 Siemens – eine Einführung

Die Siemens AG ist auf dem Markt der Elektrotechnik unbestrittener Branchenführer. Mit einem Umsatz von 87,3 Milliarden Euro im Jahr 2006 konnte der Vorjahresumsatz (75,5 Mrd. €) um 15,7% gesteigert werden.
Der Konzern umfasst sechs Arbeitsgebiete. Der Bereich *Information and Communications* befasst sich mit Informations- und Telekommunikationstechnik, *Automation and Control* mit Automatisierungstechnik, *Power* mit Energieversorgung, *Transportation* mit Verkehrstechnik, *Medical* mit Medizintechnik und *Lightning* mit Beleuchtung. Zudem besitzt die Siemens AG einige Beteiligungen an Gesellschaften, wie z.B. an *Fujitsu Siemens Computers*. Forschungs- und Entwicklungseinrichtungen (in der Folge kurz FuE genannt) sowie Produktionsstätten sind auf der ganzen Welt zu finden. In etwa 290 Standorten weltweit produziert Siemens.[21]

3.2.2 Unternehmensstrategie

Der Siemens Konzern ist durch seine sechs Geschäftsfelder (siehe Kap. Siemens – ein Überblick) in rund 190 Ländern vertreten. Weltweit beschäftigte der Konzern im Jahr 2006 474.800 Mitarbeiter. Auf dem Heimatmarkt des Unternehmens arbeiten hiervon ein Drittel (161.000 – 34%) aller Beschäftigten. Im Rest Europas mit 127.400 noch einmal 26,8%. Weitere Schwerpunkte befinden sich in Amerika (104.100 Mitarbeiter davon alleine 67.000 in den USA und jeweils 13.000 in Brasilien und Mexiko) und Asien (69.800 davon 36.000 in China und 15.000 in Indien).[22]

Siemens Deutschland beschäftigt mit über 160.000 Mitarbeitern etwa ein Drittel aller Beschäftigten des Konzerns, hat aber mit einem Umsatz von 16,2 Milliarden € im Jahre

[21] Gönczöl, Janos (Hrsg.) „Siemens – ein Porträt" abrufbar unter http://siemens.com/Daten/siecom/HQ/CC/Internet/About_Us/WORKAREA/about_ed/templatedata/Deutsch/file/binary/Portrait_1244523.pdf abgerufen am 25.04.2007
[22] Gönczöl, Janos (Hrsg.) „Siemens Corporate Webseite – Regionen" abgerufen am 01.07.2007

2006 auch die Vorrangstellung was die Größe des Marktes betrifft, verloren. Erstmals konnte die USA den Heimatmarkt mit 17,4 Milliarden € überflügeln. In der Bundesrepublik werden alle Geschäftsbereiche bedient, gesteuert von den Konzernzentralen in München und Berlin.

Abb. 8 - Siemens – Basisdaten relativ nach Regionen

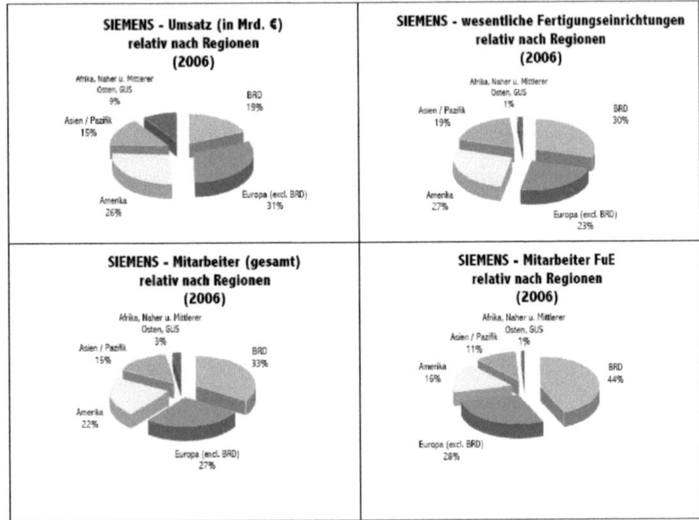

Quelle: eigene Bearbeitung nach Datengrundlage „Siemens Geschäftsbericht 2006 – Weltweite Präsenz" abgerufen unter http://www.siemens.com/index.jsp?sdc_p=i1420377z4ft6ml0s4u20o1424016i1415716pGB06cz2&sdc_bcpath=1415713.s_0,& am 17.08.2007

Tabelle 2: Siemens – Basisdaten 2006 nach Region

Region	Umsatz (in Mrd. €)	Mitarbeiter gesamt	Mitarbeiter FuE	wesentliche Fertigungseinrichtungen
Deutschland	16,25	161.100	21.204	86
Europa (excl. BRD)	27,11	127.400	13.875	67
Amerika	22,91	104.100	7.857	78
Asien, Pazifik	12,87	69.800	5.602	54
Afrika, Naher u. Mittlerer Osten, GUS	8,19	12.500	362	4

Quelle: „Siemens Geschäftsbericht 2006 – Weltweite Präsenz" abgerufen unter http://www.siemens.com/index.jsp?sdc_p=i1420377z4ft6ml0s4u20o1424016i1415716pGB06cz2&sdc_bcpath=1415713.s_0,& am 17.08.2007

Siemens galt lange als ein deutsches Unternehmen welches global tätig ist. Dieses Image konnte man durch die Wahrung vieler Arbeitsplätze in Deutschland an Produktionsstandor-

ten aufrechterhalten.[23] Noch immer ist Deutschland der Standort mit den meisten Arbeitsplätzen. 43,5% aller Mitarbeiter aus der Forschung und Entwicklung sind in der Bundesrepublik angestellt, was die Bedeutung des Forschungsstandortes Deutschland für Siemens hervorhebt (vgl. Abb. 8 u. Tab. 2). Obwohl Deutschland nicht mehr der Standort mit den höchsten Umsatzzahlen ist, bestehen hier noch die meisten Werke (vgl. Tab 2). Ob nun in Forschung und Entwicklung oder Produktion, die Nähe und das Vertrauen in den Heimatmarkt spielten, auch im Rahmen der globalen Ausbreitung, für den Konzern bisher eine wichtige Rolle.
Neuer Marktdruck zwingt Siemens allerdings diese Strategie zu überdenken, so dass ein verstärktes Engagement im Ausland verstärkt in Erwägung gezogen wird. Der Fokus von Siemens liegt hier aufgrund geringerer Arbeitskosten und Steuern unter anderem auf China. Außerdem fand in den letzten Jahren eine Orientierung nach Osteuropa statt, da man hier berechtigte Hoffnungen auf Subventionen im Rahmen der EU-Osterweiterung hegt.[24]

Schon früh erkannte Siemens die Bedeutung des chinesischen Marktes. Man konzentrierte sich bis dato vielmehr auf die potentielle Kundschaft des großen Marktes und weniger auf mögliche Kosteneinsparungen durch Verlagerung von einigen Bereichen der Produktion. Dennoch bieten sich für den Konzern, durch die sehr geringen Lohnkosten auf dem chinesischen Arbeitsmarkt, bei geschickter Einarbeitung und Förderung von Arbeitskräften, große Potentiale für zukünftige Produktionsstätten. Der Anfang ist zudem schon gemacht. Seit Mitte der 1990er Jahre investiert Siemens verstärkt in China, Mitarbeiter haben die Möglichkeit betriebsintern Ausbildungen abzuschließen und Diplome zu erwerben. Mit dieser Sicherung qualifizierter Arbeitskräfte will Siemens ihr weiter wachsendes China-Geschäft auf einem hohem Standart halten. Somit will der Konzern mit der Zeit weiter von der Deutschland basierten Strategie abrücken und vermehrt auf im Markt heimische Mitarbeiter vertrauen. In China hat sich dieses Prinzip bereits bewährt. Es zeigte sich, dass bedingt durch die kulturellen Unterschiede, chinesische Mitarbeiter eine wesentlich höhere Erfolgsrate bei Verhandlungen oder Vertragsabschlüssen aufwiesen, als das bisher die aus Deutschland entsandten Mitarbeiter taten.

[23] Decurtins, Daniela – „ Siemens – Anatomie eines Unternehmens"; S.245; 2002; Frankfurt a. M./Wien
[24] Lütge, Gerhard - „Ungarn lockt"; aus „DIE ZEIT" Ausgabe 18 vom 22.04.2004

Aufgrund dieser Exploration der neuen Möglichkeiten im Bereich des Mitarbeiterpotentials beschränken sich die Investitionen des Konzerns nicht alleine auf die Erschließung neuer Produktionsstandorte. In der Zukunft will man in China FuE Einrichtungen positionieren bzw. ausbauen.[25]

Gleichwohl ist der chinesische Markt weiterhin im Bezug auf die zukünftigen Kundenpotentiale für Siemens von enorm hoher Bedeutung. Eine frühzeitige Positionierung mit entsprechendem Marketing und daraus resultierendem Bekanntheitsgrad erleichtern diese Markterschließung. Zudem ist es enorm wichtig sich mit den Marktbegebenheiten vertraut zu machen. So setzt Siemens in seinen Produktionsstätten zwar auf das *economies of scale* Prinzip, jedoch global gesehen auf entsprechende Individualisierung und somit in einem gewissen Maße auf *economies of scope*.[26]

Inzwischen hat der chinesische Markt sich mit 36.000 Mitarbeitern und einem Umsatz von etwa 4,5 Milliarden € zu einem der wichtigsten Produktions- und Absatzmärkte für den Konzern entwickelt. Das Hauptgeschäft liegt zwar auf der Infrastrukturentwicklung, dennoch ist man mit allen Geschäftsbereichen in China vertreten. Die Standorte befinden sich in größeren Städten weit über das Land verteilt, wobei der chinesische Hauptsitz sich in der Metropole Peking befindet.

Im Jahr 2006 erreichte der amerikanische Markt anhand von hohen Wachstumsraten die höchsten Umsätze des Siemens-Konzerns. Dies gelang durch die Konzentration auf die eigenen Kernkompetenzen (Energy, Medical, Transportation und Industrieausrüstung). Die räumliche Dispersion in den USA ist ähnlich hoch wie die globale Verteilung im Raum. So lässt sich aber doch eine Orientierung der Zentralen einzelner Bereiche auf Metropolregionen feststellen. Die amerikanische Vertretung des Konzerns hat ihren Sitz in der Global City New York, der Teilbereich *Energy* in Alpharetta nahe Atlanta und der Teilbereich *Medical* in Malvern nahe Philadelphia und New York. Der Teilbereich Infrastruktur ist noch einmal aufgesplittet in den Bereich *Airfield* mit Sitz in Columbus in der Nähe von Detroit, dem Hauptsitz von *SiemensVDO* mit Sitz in Auburn Hills, direkt bei Detroit und dem Bereich *Transportation* in Sacramento in Kalifornien nahe San Francisco.[27]

[25] Decurtins, Daniela – „ Siemens – Anatomie eines Unternehmens“, S.236ff; 2002; Frankfurt a. M./Wien
[26] Decurtins, Daniela – „ Siemens – Anatomie eines Unternehmens“, S.238 2002; Frankfurt a. M./Wien
[27] Heimbach, Stephan (Hrsg.) „Siemens USA“ abrufbar unter: http://w1.siemens.com/en/us/entry.html abergerufen am 06.07.2007

Durch immer kürzere Produktlebenszyklen ist die Computerindustrie auf eine hohe Innovationsfähigkeit angewiesen. Ein Unternehmen der Computerindustrie ist also gezwungen vermehrt Forschung und Entwicklung zu betreiben.[28] Daher ist es nicht verwunderlich, dass bei Siemens in den letzten Jahren die Investitionen in diesem Bereich absolut stetig angestiegen sind.[29] Vier Bereichsübergreifende Forschungszentren werden von Siemens gepflegt. Auffallend ist die Positionierung dieser Einrichtungen. Drei von ihnen befinden sich in Deutschland (Berlin, München und Erlangen) und eine in den USA (Princton). Indessen beschränkt sich der Konzern nicht nur auf seine eigene Innovationsfähigkeit.

> *„... Siemens übernimmt vermehrt Firmen, die bestimmte Technologien hervorgebracht haben, und kauft so quasi Innovationsfähigkeit ein“*[30]

3.2.3 Fazit

Siemens steht somit in der Herausforderung seine weltweit führende Marktposition durch neue Globalisierungsstrategien zu behaupten. Es gilt die Konzentration auf die zentralen Märkte zu lenken und gewisse Kompetenzen aus der Konzernzentrale in Deutschland, auf den jeweiligen Markt zugeschnitten, zu übertragen. Zudem gilt es zu analysieren, welche Produktionsfaktoren weiter ausgelagert werden können. Dies kann nur mit dem Vertrauen in Mitarbeiter geschehen, welche sich auf dem jeweiligen Markt und mit den kulturellen Begebenheiten auskennen. Eine große Bedeutung in der Elektrotechnik besitzt die Forschung und Entwicklung. Globale Wettbewerbsfähigkeit kann nur durch eine innovative Angebotspalette gesichert werden. Um diese weiter zu sichern, bedient sich der Konzern weiteren M&A. Durch Joint-Ventures kann es so gelingen, heimische Arbeitskräfte an den jeweiligen Standorten effektiv nutzen zu können. Allerdings dienen M&A häufig der Übernahme vor allem von Patenten und Know-how. So dass hiermit eine Heuschreckenmentalität gefördert wird, durch die Innovationsfähigkeit gesichert werden soll.

---

[28] Denger, Katharina S. – „Unternehmensstrategien, Innovationsprozesse und Wettbewerb in der Computer-Industrie“; S.142; 1997, Frankfurt a.M.
[29] Decurtins, Daniela – „ Siemens – Anatomie eines Unternehmens“, S.205; 2002; Frankfurt a. M./Wien
[30] Decurtins, Daniela – „ Siemens – Anatomie eines Unternehmens“; S.217; 2002; Frankfurt a. M./Wien

3.3 Beispiel Pharma – Bayer AG

3.3.1 Bayer AG

Der Bayer-Konzern ist in drei Teilkonzerne gegliedert. *Bayer Health Care* stellt den wohl bekanntesten Bereich der Bayer AG dar. Es handelt sich um das Arbeitsgebiet der Arzneimittel und anderer medizinischer Produkte. *Bayer Crop Science* ist auf dem Markt für Pflanzenschutz positioniert *und Bayer Material Science* beschäftigt sich mit der Erforschung und der Produktion hochwertiger Werkstoffe.

Tabelle 3: Bayer Konzern – Mitarbeiter und FuE-Ausgaben (2001-2006)

Jahr	Mitarbeiter				
	Gesamt	Europa	Nord-Amerika	Asien/Pazifik	Latein-Amerika, Afrika, Mittlerer Osten
2001	113.000	66.000	23.400	12.600	11.000
2002	122.600	70.600	24.600	15.400	12.000
2003	115.400	66.700	23.300	13.900	11.500
2004	113.000	64.800	22.300	14.100	11.800
2005	93.700	52.400	16.200	13.900	11.200
2006	105.900	57.800	17.200	17.200	13.700

Jahr	FuE-Ausgaben (in 1.000 €)				
	Gesamt	Europa	Nord-Amerika	Asien/Pazifik	Latein-Amerika, Afrika, Mittlerer Osten
2001	2.494	1.723	694	68	9
2002	2.534	1.776	696	48	14
2003	2.404	1.673	641	74	16
2004	2.107	1.441	576	70	20
2005	1.886	1.228	565	68	25
2006	2.297	1.639	551	80	27

Quelle: Eigene Bearbeitung, Datengrundlage: Geschäftsberichte 2002-2006 heruntergeladen am 10.09.2007 unter http://www.bayer.de/de/Geschaeftsberichte.aspx

Der Bayer Konzern beschäftigte zum Ende des Geschäftsjahres 106.000 Mitarbeiter auf der ganzen Welt – 39% (absolut 41.000) davon alleine auf dem Heimatmarkt in Deutschland. Die größten Standorte des Konzerns befinden sich in Europa und Nordamerika. Die Entwicklung der vergangenen Jahre zeigt allerdings, dass eine Auslagerung von Arbeitsplätzen von diesen Standorten in den Rest der Welt stattgefunden hat bzw. noch stattfindet. (vgl. Tabelle 3). Bei weitem die wichtigste Region für die Forschung und Entwicklung ist Europa – 71,4 % der gesamten FuE Ausgaben flossen 2006 in europäische Forschungseinrichtungen. Speziell in die wichtigen Einrichtungen in Wuppertal und Berlin. Zudem ist Nord-Amerika – durch den Standort in Berkeley (USA) ein weiterer bedeutender FuE-Standort für den Konzern. Allerdings nehmen die Investitionen in diesen Standort in den letzten Jahren stetig ab (2001 noch 28% der FuE-Investitionen – 2006: 24%). Der Anstieg in den anderen Regionen ist relativ verglichen mit den letzten Jahren zwar hoch – allgemein stellen diese aber noch keine größere Bedeutung für Bayer dar (vgl. Tab 3).

Die allgemeine Tendenz bei Mitarbeiterzahlen und FuE-Ausgaben (im Zeitraum 2001-2006) ist bei Bayer leicht rückläufig – lediglich die Übernahme der Schering AG in den Teilkonzern Bayer HealthCare (als Bayer Schering AG) konnte im Jahr 2006 die Bilanz wieder auf das Niveau der Vorjahre heben.

3.3.2 Bayer HealthCare - Einführung

Die Dienstleistungsarbeitsbereiche *Bayer Industry Services, Bayer Business Services* und *Bayer Technology Services* unterstützen die drei Hauptarbeits-felder. In der Folge wird, soweit nicht speziell erläutert, vom umsatzstärksten Teilkonzern Bayer Healthcare die Rede sein.[31] Bayer Healthcare reiht mit einem Umsatz von 11,742 Milliarden Euro (Gesamtkonzern 28,956 Milliarden Euro) im Jahr 2006 in die Reihe der führenden Unternehmen im Bereich der Arzneimittel und der medizinischen Produkten ein.[32] Branchenführer ist der Konzern Pfizer mit einem Gesamtumsatz im Jahr 2006 von 36,67 Mrd. € - davon alleine 34,17 Mrd. € im bereich Pharma[33]. Weitere bedeutende Pharma Konzerne sind unter anderem die Hoffmann La Roche Gruppe aus der Schweiz (Umsatz 2006: 26,12 Mrd. € - Pharma: 20,19 Mrd. €)[34] und der deutsch-französische Konzern Sanofi-Aventis (Umsatz 2005: 27,3 Mrd.€)[35].

[31] Bode, Ute (Redaktion), „Bayer Geschäftsbericht 2006", S. 3, (März 2007), Leverkusen
[32] Bode, Ute (Redaktion), „Bayer Geschäftsbericht 2006", S. 4, (März 2007), Leverkusen
[33] Kindler, J. (Hrsg.) – „Annual Report 2006" – abgerufen am 15.09.2007 unter http://media.pfizer.com/files/annualreport/2006/financial/financial2006.pdf

[34] Dr. Humer, F. (Präs. – Hrsg.) - "Finanzdaten 2006" – heruntergeladen am 15.09.2007 unter http://www.roche.com/de/home/figures/fig_annualresults_2006/fig_annualreport_2006.htm

[35] Henn, Miriam (Hrsg.) – „Geschäftsbericht 2005" heruntergelden am 15.09.2007 unter http://www.sanofi-aventis.de:80/live/de/de/layout.jsp?cnt=9190E479-B2DC-4A5C-A86E-BC222E2BAE76

Der Bereich Pharma bei Bayer HealthCare nimmt 7,478 Milliarden Euro ein. Dies entspricht einem Zuwachs von über 84% gegenüber dem Vorjahr. Der starke Umsatzanstieg ist mit der Übernahme von Schering zu erklären.[36] Als global agierendes Unternehmen ist Bayer Health Care auf der ganzen Welt vertreten. Schwerpunkte hierbei sind Nordamerika, Süd-Ostasien und der europäische Kontinent. Die Konzernzentrale befindet sich in zentraler Lage in Europa - in Leverkusen.

3.3.3 Rückblick

Die schwere Ölkrise, beginnend Ende der 1960er Jahre, macht auch dem Chemiekonzern Bayer zu schaffen. Dennoch positioniert sich die Bayer AG durch Übernahmen von *Cutter Laboratories Inc.* im Jahr 1974 und von *Miles Laboratories Inc.* im Jahr 1978 erstmals auf dem US-amerikanischen Markt. Durch diese M&A erlangt der Konzern eine bedeutende Stellung in Nordamerika. Auch in Deutschland versucht man seine Position zu stärken und baut ein neues Werk in Brunsbüttel. In West Haven, Conneticut, wird ein neues Forschungszentrum gebaut. Allgemein fand ein großes Wachstum vor allem in Nordamerika und in Süd-Ostasien statt.

Mit der Öffnung von Osteuropa und der Wiedervereinigung 1989 boten sich für den Konzern nun neue Möglichkeiten. Das neue Werk in Bitterfeld nimmt 1992 seine Produktion, vorwiegend von Aspirin, auf. In den 1990ern wird die Position des Bayer Konzern in Nordamerika weiter gestärkt. Weitere M&A's ermöglichten es dem Konzern in den USA und Kanada nun wieder den Namen Bayer zu tragen. Neben den Forschungsstandorten in West Haven und Wuppertal eröffnete Bayer zudem 1995 einen neuen Forschungsstandort bei Kyoto in Japan.[37]

[36] Bode, Ute (Redaktion), „Bayer Geschäftsbericht 2006", S. 5, (März 2007), Leverkusen
[37] Wenning, Kühn, Plischke, Pott (Hrsg.), „Bayer – Unternehmensgeschichte" abrufbar unter: http://www.bayer.de/de/Unternehmensgeschichte.aspx abgerufen am 03.05.2007

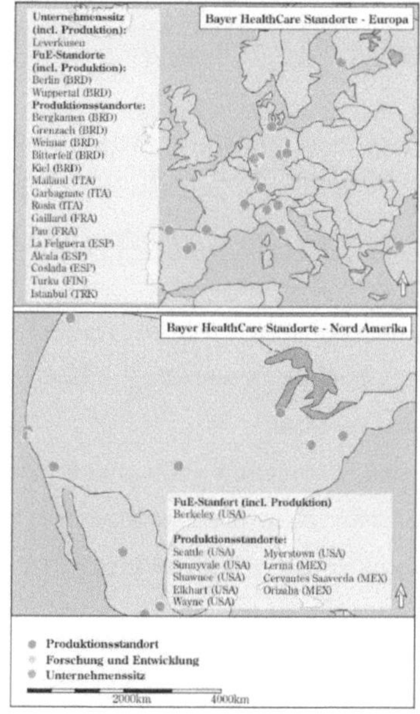

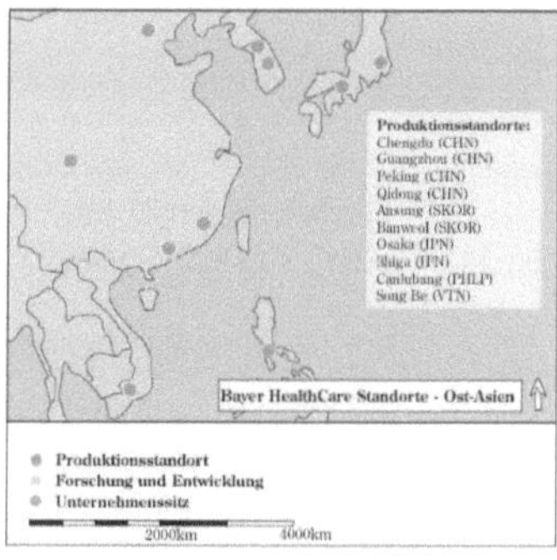

Abb. 9 Standorte Bayer Healthcare Europa, Nord-Amerika und Ost-Asien

Quelle: Eigene Darstellung nach Datenquelle: „Bayer Health Care – Standorte" http://www.bayerhealthcare.com/14.0.html?&L=0# abgerufen am 03.05.2007 und Kartengrundlage: Weltkarte auf Welt-atlas.de heruntergeladen am 01.04.2007 unter: http://www.welt-atlas.de/datenbank/karten/karte-0-9000.gif

3.3.4 Bayer HealthCare – aktuelle Entwicklungen

Die bisherige Entwicklung des Konzerns verdeutlicht, insbesondere am nordamerikanischen Beispiel, dass der Konzern Markteroberungen durch Übernahmen von Unternehmen aus der gleichen Branche durchführt. Auf Märkten, auf welchen bereits eine starke Marktposition erreicht werden konnte, bemühte sich Bayer durch den Bau neuer Produktionsstätten die eigene Position weiter auszubauen.

Bayer HealthCare setzt auf nur eine geringe Anzahl FuE, zum einen am traditionellen Standort in Wuppertal, zum Anderen vervollständigen die Standorte in Berlin und in den USA in Berkeley die wichtigsten Forschungs- und Entwicklungseinrichtungen von Bayer HealthCare. Während die wissensintensive Forschung somit an Standorten positioniert ist, welche ein hohes Know-how im weltweiten Vergleich aufweisen, so fällt auf, dass Produktionsstandorte zwar weltweit vertreten sind – massiert jedoch um die Forschungsstandorte in Deutschland, den USA aber auch dem großen Markt in Ostasien. Die weiteste Diffusion, allerdings wieder mit einem gewissen Maß an Konzentration in den Märkten der Triade, haben die Vertriebsstandorte des Konzerns.

Übernahmen sorgen für neue Potentiale, insbesondere durch den Zukauf von Know-how anhand von Patenten. Der letzte große Zukauf eines Unternehmens durch die Bayer AG war der des Pharmaunternehmens *Schering*. Das Berliner Unternehmen konnte im Jahr 2005 5,3 Milliarden Euro erwirtschaften und ergänzt nun als *Bayer Schering* unter anderem den Bereich der Krebsforschung. Aufgrund der hohen Wertschöpfung in der Produktionskette, basierend auf Know-how Einsatz, spielt die direkte Nähe zu Zulieferern der Basismaterialien oder Rohstoffen eine geringere Rolle.
Bayer Health Care konzentriert seine Produktpalette in der Zukunft vermehrt auf seine Kernkompetenzen. Es findet eine Ausdünnung der Breite des Angebots im Pharmageschäft statt. In Wuppertal wird die Forschung auf Herzkreislaufkrankheiten, in West Haven die Diabetes- sowie die Krebsforschung verstärkt.[38]

3.3.5 Fazit

Die Bayer AG weist durch die hochwertigen Güter, geringe Transportkosten und der hohen Zahl an Produktionsstätten eine große Standortflexibilität auf. Durch die Spezialisierungen auf die Kernkompetenzen kann durch große Produktionszahlen das Prinzip der economies of scale erfolgen. Der Konzern weist dennoch eine große Diffusion von Produktionstandorten auf. Die Erfordernisse des jeweiligen Marktes machen eine Marktnähe für den Konzern bedeutend, so dass nicht an wenigen großen Standorten produziert wird, sondern die Produktion an vielen regionalspezifisch angepassten Produktionsstätten. Eine Standortbindung findet somit nicht nur durch die Rohstoff- oder Zulieferernähe statt, sondern vielmehr durch die Nähe zu den Abnehmern. Eine Weiterentwicklung des Angebots kann an den drei FuE-Standorten betrieben werden, welche die Hauptabsatzmärkte und somit auch die Zukunft des Unternehmens beschreiben. Der Konzern hat durch die Übernahme der Schering AG

[38] Schäfers, Helmut (Redaktion) - „Bayer HealthCare passt Pharmaforschung und -entwicklung an neuen Geschäftsrahmen an" am 02.12.2004 abrufbar unter http://www.viva.vita.bayerhealthcare.de/index.php?id=385&tx_ttnews[backPid]=385&tx_ttnews[tt_news]=9837&cHash=a39f4d98ec abgerufen am 30.04.2007

den Versuch unternommen den Konzern wieder auf gesündere Füße zu stellen. Es gilt durch eine eigene deutliche Ausrichtung in Richtung der pharmazeutischen Forschung und Produktion am großen Wachstum der Branche teilzuhaben. Ob dies eine wirkungsvolle Strategie darstellt, scheint realistisch - bleibt aber abzuwarten.

3.4 Beispiel Chemie - BASF

3.4.1 BASF – eine Einführung

Im April 1865 unter dem Namen „Badische Anilin und Soda Fabrik" gegründetes, stellt das heute nur noch kurz als BASF eingetragene Unternehmen das aktuell umsatzstärkste seiner Branche dar. Bis heute befindet sich der Hauptsitz des Unternehmens in Ludwigshafen am Rhein. Inzwischen ist BASF als Aktiengesellschaft eingetragen und in der ganzen Welt mit etwa 150 Produktionsstandorten vernetzt. Insgesamt beschäftigt der Konzern 95.000 Mitarbeiter und erzielte 2006 einen Umsatz von 52,61 Milliarden Euro. Das bedeutet einen Umsatzanstieg von über 60 Prozent seit 2004. Der enorme Umsatzanstieg wurde im Zeitraum 2005-2006 erreicht, vorher stagnierten der Umsatz sowie die Mitarbeiterzahlen – es wurden tendenziell sogar leichte Rückgänge in beiden Bereichen verzeichnet.
Etwa die Hälfte der Mitarbeiter des Konzerns arbeitet 2006 in Deutschland (49,6% - absolut 47.296). Der Zeitraum 2005-06 stärkte aber in besonderem Maße die Standorte in Nordamerika (Wachstum: 57,9% - auf 15.531) im asiatischen und pazifischen Raum (32,3% - 12.788) und im Resten Europas (28,7% - 14.148).[39] Insgesamt findet die Auslagerung von Arbeitsplätzen von Deutschland ins Ausland statt.[40] Dennoch ist die wichtige Position insbesondere am Stammsitz in Ludwigshafen mit 33.200 Mitabeitern unumstritten.

Durch eine extrem breite Produktpalette findet der Konzern Abnehmer aus den verschiedensten Branchen. Die Unternehmen aus den Bereichen Chemie, Energie, Automobilbau

[39] Dr. hambrecht, Jürgen (Hrsg.) - „BASF – Daten und Fakten" abgerufen am 16.09.2007 unter: http://www.berichte.basf.de/de/2007/datenundfakten/?id=V00-2LWTYB6Mkbcp-Lf

[40] Dr. Hambrecht, Jürgen (Hrsg.) - „BASF Unternehmensbericht 2003" abgerufen am 17.09.2007 unter: http://berichte.basf.de/de/2003/unternehmensbericht/?id=2LWTYB6Mkbcp-Lf

und der Landwirtschaft zählen hierbei zu den wichtigsten Kunden. Eine Orientierung zur weiterverarbeitenden Industrie ist hier klar zu erkennen.

3.4.2 BASF – globale Strategie und globale Präsenz

Die Zukunftsstrategie des Unternehmens, vom Unternehmen „BASF 2015" getauft, stützt sich auf vier Eckpfeiler: Umsatzorientiertes Wirtschaften, Kundennähe, Mitarbeiterpolitik und nachhaltiges, umweltgerechtes Wirtschaften.[41] Eine gerechte und soziale Mitarbeiterpolitik sowie der Umweltschutz durch das Prinzip des *responsible care* in der eigenen Unternehmensphilosophie verankert. Hiermit soll abgesichert sein, dass in den eigenen Reihen sowie auch bei Zulieferbetrieben ein festgelegtes Maß in den Gebieten Umweltschutz, Sicherheit und Gesundheit eingehalten werden.[42]
Das Produktportfolio des Konzerns soll sich trotz der M&A nicht besonders erweitern. Den Kerngeschäftsfeldern wird die weitere Aufmerksamkeit gelten um sich weiter möglichst unabhängig von Ölpreisschwankungen Konjunkturschwankungen halten.[43]

BASF setzt auf so genannte *World-Scale-Anlagen*, welche eine hohe Produktivität aufweisen und somit dem Prinzip der *economies of scale* folgen. Diese sind gleichzeitig auch die Verbundanlagen des Konzerns in denen verschiedene Produktionsprozesse verschiedener Produkte stattfinden. Mit jeweils zwei Anlagen auf den Kontinenten Nordamerika (Geismar – USA und Freeport - USA), Asien (Nanjing – China und Kuantan – Malaysia) und in Europa (Antwerpen – Belgien und am Heimatstandort Ludwigshafen) sind diese wichtigen Produktionsstätten in den wichtigsten Absatzmärkten positioniert.[44] In der Nähe dieser Verbundanlagen befinden sich zahlreiche weitere Produktionsstätten, weltweit sind dies über hundert. Die Präsenz von zwei Verbundanlagen in den USA verdeutlicht die Wichtigkeit des US-amerikanischen Marktes für BASF. Zu Beginn des zwanzigsten Jahrhunderts übertraf der

---

[41] Hoellebrandt, Anette (Redaktion), „BASF – Strategie" http://corporate.basf.com/de/ueberuns/strategie/?id=l_ipjASNXbcp-t4 abgerufen am 04.05.2007

[42] Abelshauser, Werner – „Die BASF – eine Unternehmensgeschichte"; S.629; 2002; München

[43] Hoellebrandt, Anette (Redaktion), „BASF –unser Weg in die Zukunft" http://berichte.basf.de/de/2004/datenundfakten/unternehmen/zukunft/?id=k4WrPASNlbir1HO abgerufen am 04.05.2007

[44] Hoellebrandt, Anette (Redaktion), „BASF – globale Präsenz" http://corporate.basf.com/de/ueberuns/global/?id=XzZQ0AR9hbcp1s1 abgerufen am 04.05.2007

Umsatz auf dem US-Markt sogar das erste Mal den Umsatz auf dem Heimatmarkt in Deutschland. Dieser Zuwachs des Umsatzes basiert unter anderem auf Zukäufen des Unternehmens. Diese dienen unter anderem der Verlagerung einzelner Unternehmensbereiche aber auch zur Steigerung der globalen Präsenz.[45] Die Konzentration der Produktionsstandorte auf die USA, Europa und Ostasien beschreibt die Wichtigkeit der Triade für den Konzern. Nur hier gibt es ausreichend Abnehmer für die hochwertigen Produkte des Chemiekonzerns.

Die Ausbreitung des Unternehmens ist durchaus als nicht untypisch zu bezeichnen. Ausgehend vom Heimatmarkt hat das Unternehmen zu Beginn der 1990er Jahre sich erst verstärkt auf den Nordamerikanischen Kontinent konzentriert. Erst nach der Erschließung dieses Marktes, die allerdings noch nicht abgeschlossen ist, wagte man den Schritt nach Asien. Im Jahre 2005 wurde die Verbundanlage in Nanjing (China) in Betrieb genommen und steht somit symbolisch für die Erschließung des neuen Marktes China.[46]
Eine relative Abnahme des Umsatzes auf dem deutschen Markt ist unverkennbar. Nur noch 22% des Gesamtumsatzes waren es im Jahr 2000. Im Jahr 2003 waren es zwar nur noch 17,5% dieses Ergebnis konnte allerdings nur dadurch erreicht werden, dass der Dollar gegenüber dem Euro stark an Wert verloren hatte und somit das nordamerikanische Geschäft darunter stark zu leiden hatte. Ansonsten wäre der Anteil des deutschen Geschäftes noch geringer. Trotz der starken Position in Nordamerika (Umsatzanteil 17,7% im Jahr 2003) stellt Europa mit 47,3% den bedeutendsten Markt des Konzerns dar. [47]

3.4.3 Fazit BASF

Die Tendenz geht dennoch zu einer weiteren Auslagerung in die wichtigen Wachstumsmärkte der Welt. Die Stabilisierung der Märkte in Europa und Nordamerika sowie der weitere Ausbau des Asiengeschäfts, vor allem durch Joint-Ventures und zusätzlichen Übernahmen ist die Konsequenz aus dem eingeschlagenen Weg.

[45] Abelshauser, Werner – „Die BASF – eine Unternehmensgeschichte"; S.629; 2002; München
[46] Abelshauser, Werner – „Die BASF – eine Unternehmensgeschichte"; S.631; 2002; München
[47] BASF Gruppe – „Daten und Fakten 2004"; S.12; abrufbar unter: http://berichte.basf.de/de/2004/datenundfakten/?id=k4WrPASNlbir1HO abgerufen am 11.05.2007

4. Fazit

Globalisierung ist nicht ausschließlich ein Phänomen der letzten Dekade des 20sten Jahrhunderts, begonnen hat sie schon wesentlich früher. Beinahe jeder Global Player hatte schon Jahre vorher Tendenzen zu internationaler Verbreitung. Die Orientierung von Unternehmen wichtige Bestandteile seiner Struktur in das Ausland zu verlagern um das Auslandsgeschäft zu stärken tritt dennoch erst seit Anfang der 1990er Jahre auf. Diese findet durch globale Orientierung der Unternehmen mit regional angepassten Strategien statt. Ein wichtiger Markt für die Unternehmen stellt hier China dar. Die Entwicklung des Landes macht es für eine Erschließung hoch attraktiv, da für die Zukunft ein hohes Marktpotential erwartet wird. Zudem bieten sich derzeit in kaum einem anderen Land solch günstige Faktoren, besonders die der geringen Arbeitskosten, für die Errichtung neuer Produktionsstätten.

Auf bestehenden Märkten nutzen die Unternehmen nicht selten M&A um sich zu positionieren. Zudem bieten diese Übernahmen kleinerer Unternehmen die Möglichkeit eigene Mittel durch Innovationsfähigkeit aber auch durch neue Patente zu erweitern.

Die Verwaltung der Konzerne befindet sich unverändert auf dem Heimatmarkt des Unternehmens, meist sogar am Ort der Gründung.

Ähnlich verhält es sich mit der Verteilung von FuE-Einrichtungen. Diese befinden sich ebenfalls auf den Heimatmärkten aber auch in der Nähe zu wichtigen Märkten wie zum Beispiel den USA. Wichtig hierfür ist aber die Existenz von ausreichend Know-how vor Ort. Ein wichtiger Indikator für Globalisierung ist hingegen die Diffusion der Produktionsstandorte. Die Auslagerung von wissensextensiven Produktionsschritten in Niedriglohnländer ist stark vorangeschritten.

Ein besonderer Unterschied zwischen den Unternehmen der betrachteten Branchen existiert nicht. Sie weisen sehr viele Gemeinsamkeiten auf. Dennoch ist aufgrund der jeweilig voran gegangenen Unternehmensgeschichte und der unterschiedlichen Nachfragepotentiale jeweils ein leicht anderer Weg eingeschlagen worden. Die Tendenz, dass der Heimatmarkt aber in der Zukunft immer weiter Arbeitsplätze im Bereich der Produktion, absolut wie auch relativ verliert scheint für die betrachteten Konzerne allgemein gültig.

5. Literaturverzeichnis

- Abelshauser, Werner – „Die BASF – eine Unternehmensgeschichte“; 2002; München
- Becker, Helmut – „Phänomen Toyota – Erfolgsfaktor Ethik“, Berlin, 2006
- Bode, Ute (Redaktion), „Bayer Geschäftsbericht 2006“; (März 2007), Leverkusen
- Decurtins, Daniela – „ Siemens – Anatomie eines Unternehmens“; 2002; Frankfurt a. M./Wien
- Denger, Katharina S. – „Unternehmensstrategien, Innovationsprozesse und Wettbewerb in der Computer-Industrie“; 1997; Frankfurt a.M.
- Gönczöl, Janos (Hrsg.) „Siemens – ein Porträt“ abrufbar unter http://siemens.com/Daten/siecom/HQ/CC/Internet/About_Us/WORKAREA/about_ed/templatedata/Deutsch/file/binary/Portrait_1244523.pdf abgerufen am 25.04.2007
- Gönczöl, Janos (Hrsg.) „Siemens AG – Siemens Konzern“ abrufbar unter http://www.siemens.com/index.jsp?sdc_p=ft4ml0s4uo1305777i1320165pcz3&sdc_bcpath=1307195.s_2,:1320165.s_4,&sdc_sid=11931615013&
- Dr. Hambrecht, J. (Hrsg.) - „BASF Unternehmensbericht 2003“ abgerufen am 17.09.2007 unter: http://berichte.basf.de/de/2003/unternehmensbericht/?id=2LWTYB6Mkbcp-Lf
- Heimbach, Stephan - „Siemens Geschäftsbericht 2006 – Weltweite Präsenz“ abrufbar unter: http://www.siemens.com/index.jsp?sdc_p=i1420377z4ft6ml0s4u20o1424016i1415716pGB06cz2&sdc_bcpath=1415713.s_0,& am 17.08.2007
- Henn, Miriam (Hrsg.) – „Geschäftsbericht 2005“ heruntergelden am 15.09.2007 unter http://www.sanofi-aventis.de:80/live/de/de/layout.jsp?cnt=9190E479-B2DC-4A5C-A86E-BC222E2BAE76
- Hirsch-Kreinsen, Hartmut - „Industrielle Konsequenzen globaler Unternehmensstrategien“;1998; Dortmund
- Hoellebrandt, Anette (Redaktion), „BASF – globale Präsenz“ http://corporate.basf.com/de/ueberuns/global/?id=XzZQ0AR9hbcp1s1 abgerufen am 04.05.2007

- [1] Dr. Humer, F. (Präs. – Hrsg.) - "Finanzdaten 2006" – heruntergeladen am 15.09.2007 unter http://www.roche.com/de/home/figures/fig_annualresults_2006/fig_annualreport_2006.htm
- Hoellebrandt, Anette (Redaktion), „BASF – Strategie" http://corporate.basf.com/de/ueberuns/strategie/?id=I_ipjASNXbcp-t4 abgerufen am 04.05.2007
- Intveen, Carsten – „Unternehmensstrategien internationaler Automobilhersteller – Auswirkungen verkehrspolitschen Engagements auf die Gesamtunternehmensebene"; 2004; Berlin
- Kindler, J. (Hrsg.) – „Annual Report 2006" – abgerufen am 15.09.2007 unter http://media.pfizer.com/files/annualreport/2006/financial/financial2006.pdf
- Loewendahl, H. B. – „Bargaining with Multinationals – The Investment of Siemens and Nissan in North-East England"; 2001; Hampshire
- Lütge, Gerhard - „Ungarn lockt"; aus „DIE ZEIT" Ausgabe 18 vom 22.04.2004
- Nuhn, Helmut „Megafusionen – Neuorganisation großer Unternehmen im Rahmen der Globalisierung" in „Geographische Rundschau" (2001) Heft 7-8
- Schäfers, Helmut (Redaktion) - „Bayer HealthCare passt Pharmaforschung und -entwicklung an neuen Geschäftsrahmen an" am 02.12.2004 abrufbar unter http://www.viva.vita.bayerhealthcare.de/index.php?id=385&tx_ttnews[backPid]=385&tx_ttnews[tt_news]=9837&cHash=a39f4d98ec abgerufen am 30.04.2007
- Scheiter, Sieghart u. Wehmeyer, Mirja (*AT Kearney*) „Konzerne suchen ihr (M&A)Glück auch wieder in der Ferne" in „M&A Review", Heft 8/9, (2006)
- abgerufen am 01.05.2007
- TOYOTA MOTOR CORPORATION - „Toyota - Manufacturing" http://www.toyota.co.jp/en/about_toyota/manufacturing/worldwide.html abgerufen am 18.04.2007
- TOYOTA MOTOR CORPORATION - „Toyota – Up Close" http://www.toyota.co.jp/en/about_toyota/outline/index.html am 17.04.2007
- Wenning, Kühn, Plischke, Pott (Hrsg.), „Bayer – Unternehmensgeschichte" abrufbar unter: http://www.bayer.de/de/Unternehmensgeschichte.aspx abgerufen am 03.05.2007

6. Abbildungsverzeichnis:

- Abb. 1: Transportkosten 1930 – 2000; Quelle: Internationaler Währungsfond (Corporate Author), World Economic Outlook, Mai 2005, Kapitel 3; S. 20 (eigene Nachbearbeitung) http://www.imf.org/external/pubs/ft/weo/2005/01/pdf/chapter3.pdf abgerufen am 02.05.2007
- Abb. 2: Entwicklung in der Telekommunikation; Quelle: Internationaler Währungsfond (Corporate Author), World Economic Outlook, Mai 2005, Kapitel 3; S. 5 (eigene Nachbearbeitung) http://www.imf.org/external/pubs/ft/weo/2005/01/pdf/chapter3.pdf abgerufen am 02.05.2007
- Abb. 3: Entwicklung der Ausländischen Direktinvestitionsströme seit 1980; Quelle: eigene Bearbeitung nach: UNCTAD World Investment Report 2006, Kapitel 1; S. 4 (Oktober 2006), New York / Genf http://www.unctad.org/en/docs/wir2006ch1_en.pdf abgerufen am 02.05.2007
- Abb. 4: Gewinne ausländischer Tochterunternehmen von MNU's (1980 – 2003); Quelle: Eigene Bearbeitung nach Daten aus UNCTAD „World Investment Report 2006" Titel: Assets of foreign affiliates; http://www.unctad.org/Templates/Download.asp?docid=7281&lang=1&intItemID=3277 abgerufen am 29.07.2007
- Abb. 5 Standortstrukturen von Toyota in Nord-Amerika und Europa; Quelle: Eigene Bearbeitung; Datengrundlage: http://www.toyota.co.jp/en/about_toyota/manufacturing/worldwide.html am 21.04.2007; Kartengrundlage: Weltkarte auf Welt-atlas.de heruntergeladen am 01.04.2007 unter http://www.welt-atlas.de/datenbank/karten/karte-0-9000.gif
- Abb. 6: „Fahrzeug Produktion nach Region"; Quelle: Eigene Bearbeitung nach Daten aus „Toyota – Annual Reports 2003-2006" zum download auf: http://www.toyota.co.jp/en/ir/library/annual/index.html am 10.07.2007
- Abb. 7: "Fahrzeug Verkäufe nach Region";Quelle: Eigene Bearbeitung nach Daten aus „Toyota – Annual Reports 2003-2006" zum download auf: http://www.toyota.co.jp/en/ir/library/annual/index.html am 10.07.2007

- Abb. 8 - Siemens – Basisdaten relativ nach Regionen; Quelle: eigene Bearbeitung nach Datengrundlage „Siemens Geschäftsbericht 2006 – Weltweite Präsenz" abgerufen unter: http://www.siemens.com/index.jsp?sdc_p=i1420377z4ft6ml0s4u20o1424016i1415716pGB06cz2&sdc_bcpath=1415713.s_0,& am 17.08.2007
- Abb. 9 Standorte Bayer Healthcare Europa, Nord-Amerika und Ost-Asien; Quelle: Eigene Darstellung nach Datenquelle: „Bayer Health Care – Standorte" http://www.bayerhealthcare.com/14.0.html?&L=0# abgerufen am 03.05.2007 und Kartengrundlage: Weltkarte auf Welt-atlas.de heruntergeladen am 01.04.2007 unter: http://www.welt-atlas.de/datenbank/karten/karte-0-9000.gif

- Tabelle 1: Global Cities der Gegenwart (nach BRONGER); Quellen nach BRONGER: Fortune International 2002; Top 1000 World Banks 2001, Factbook Deutsche Börse 2000, Air Traffic Report 2001, Shipping Statistics Yearbook 2001, Army Corps of Engineers, Waterbourne Commerce of the United States CY 2000
- Tabelle 2: Siemens – Basisdaten 2006 nach Region; Quelle: „Siemens Geschäftsbericht 2006 – Weltweite Präsenz" abgerufen unter http://www.siemens.com/index.jsp?sdc_p=i1420377z4ft6ml0s4u20o1424016i1415716pGB06cz2&sdc_bcpath=1415713.s_0,& am 17.08.2007
- Tabelle 3: Bayer Konzern – Mitarbeiter und FuE-Ausgaben (2001-2006); Quelle: Eigene Bearbeitung, Datengrundlage: Geschäftsberichte 2002-2006 heruntergeladen am 10.09.2007 unter http://www.bayer.de/de/Geschaeftsberichte.aspx